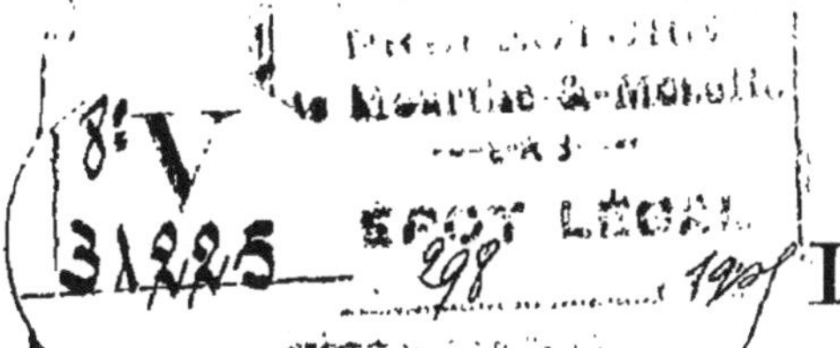

LE CHEMIN DE FER

ET LE

PORT DE LA COTE D'IVOIRE

ORGANISATION D'UNE ENTREPRISE COLONIALE

Par M. HOUDAILLE

CHEF DE BATAILLON DU GÉNIE

AVEC 20 FIGURES ET 2 PLANCHES HORS TEXTE

BERGER-LEVRAULT ET Cie, ÉDITEURS

PARIS — 5, RUE DES BEAUX-ARTS

NANCY — 18, RUE DES GLACIS

1905

LE

CHEMIN DE FER

ET LE

PORT DE LA COTE D'IVOIRE

ORGANISATION D'UNE ENTREPRISE COLONIALE

Par M. HOUDAILLE
CHEF DE BATAILLON DU GÉNIE

AVEC 20 FIGURES ET 2 PLANCHES HORS TEXTE

BERGER-LEVRAULT ET Cie, ÉDITEURS

PARIS	NANCY
5, RUE DES BEAUX-ARTS	18, RUE DES GLACIS

1905

Extrait de la *Revue du Génie militaire* — Août 1905

LE

CHEMIN DE FER

ET LE

PORT DE LA COTE D'IVOIRE

ORGANISATION D'UNE ENTREPRISE COLONIALE

Le programme d'ensemble

Depuis dix ans la France accomplit en Afrique occidentale une œuvre considérable de pénétration et de pacification, et cette œuvre est presque tout entière due au génie militaire.

Il n'est pas inutile d'en montrer les grandes lignes.

Nos possessions africaines s'étendent sur 5 000 km d'Alger à Brazzaville, avec cinq portes de sortie sur l'Atlantique : le Sénégal, la Guinée, la Côte d'Ivoire, le Dahomey et le Congo.

Chacune de ces colonies cherche à amener par la voie la plus directe les produits de l'intérieur sur le littoral.

De là les quatre chemins de fer de pénétration de Kayes à Koulikoro, de Konakry à Kouroussa, d'Abidjan à Kong, de Kotonou à Karimama. Le 15 mai une nouvelle mission s'est embarquée à Bordeaux pour étudier le chemin de fer de pénétration au Congo de Libreville par la vallée de l'Ogoué.

En nous bornant à l'Afrique occidentale, nous avons déjà un réseau de 1 440 km sur le point d'être livré à l'exploitation, savoir :

Dakar-Saint-Louis	264 km
Kayes-Koulikoro.	563 —
Konakry-Timbo	320 —
Abidjan-Eyri-Macougné	80 —
Kotonou-Paouignan.	214 —
	1 441 km

De 1907 à 1915, on prolongera ces lignes vers l'intérieur, de façon à pénétrer dans la boucle du Niger. Cette deuxième augmentation du réseau coûtera 200 millions pour 2 000 km. Enfin, de 1915 à 1930, on pourra tracer une immense transversale de Bammako à Say ou Karimama sur le Niger et y souder les quatre voies de pénétration. Nouvel effort de 3 000 km et de 300 millions. Par sa position géographique le chemin de fer de la Côte d'Ivoire paraît tout désigné pour constituer l'amorce du Transsaharien par Kong, Sikasso, Tombouctou, Igli et Oran.

Mais avant de songer à réunir l'Algérie au Niger, il reste encore 5 000 km à construire, 500 millions à dépenser. Ce n'est pas l'œuvre d'un jour.

Le programme de la Côte d'Ivoire

Les travaux entrepris à la Côte d'Ivoire sont de nature à transformer complètement la colonie au point de vue économique et au point de vue de la salubrité.

Ils comprennent un canal maritime de 800 m de longueur précédé par un avant-port protégé lui-même par deux jetées. Ce canal fait communiquer la mer avec la lagune, immense lac qui a 140 km de longueur, de 3 à 8 km de largeur et dont les fonds atteignent 20 m.

Un port maritime avec quais, dans la baie d'Abidjan, à 12 km dans l'intérieur des terres, pourra recevoir des bateaux de mer de 2 000 et 3 000 tonneaux.

Un chemin de fer partant du port maritime d'Abidjan se dirige vers l'intérieur du pays dans la direction de Kong. La première section, de 80 km, aboutissant à Eyri-Macougné, sera terminée en 1905. La seconde, de même longueur, franchira le N'zi, affluent du Baudama au delà de la forêt et pourra être achevée en 1907. Enfin la troisième section, de 300 km environ, atteindra Kong vers 1912.

Au point de départ du chemin de fer à Abidjan s'élèvera une ville créée de toutes pièces qui devra remplacer Grand-Bassam au point de vue commercial et peut-être un jour Bingerville, comme capitale administrative.

Tout l'avenir de la colonie est subordonné à la possibilité de maintenir navigable le canal maritime et de défendre son entrée contre les apports de sable.

Organisation générale

Lorsqu'il s'agit de mettre sur pied une entreprise de cette importance dans un pays neuf, presque sans ressources naturelles, la tâche qui incombe au directeur est considérable et elle ne peut être accomplie que si on lui accorde la plus large initiative.

Du 21 novembre 1903, date de notre nomination au poste de directeur, au 15 janvier 1904, date de notre embarquement, nous avons dû établir un programme des travaux et un programme financier, organiser la comptabilité, recruter le personnel, commander le matériel, nous préoccuper du service de santé, des transports par mer, des débarquements, etc., etc.

Le moindre oubli peut être grave de conséquences, car à la Côte d'Ivoire il s'écoule au moins trois mois entre le moment où on s'aperçoit d'un déficit et l'arrivée du matériel de remplacement.

Autant nous avons dû entrer dans le détail lors de la préparation, autant dans l'exécution nous nous sommes efforcé de laisser la plus grande initiative à chacun de nos subordonnés.

Dans cet esprit, nous avons, dès le début, défini avec le plus grand soin les attributions, les droits et les devoirs de chacun.

Ceux de nos camarades que les circonstances amèneront un jour à assumer les fonctions de directeur, consulteront peut-être avec intérêt les onze ordres de services généraux que nous avons mis en vigueur en février et mars 1904 et qui résument sous une forme pratique et concise toute l'organisation du chemin de fer.

Ces ordres font l'objet d'une annexe.

Personnel

Le choix du personnel est le principal élément de réussite ou d'insuccès d'une entreprise coloniale.

Il faut que le chef ait confiance dans ses subordonnés et il faut que les subordonnés aient confiance dans leur chef.

Il est par suite absolument nécessaire de laisser au directeur d'un chemin de fer la plus grande initiative dans le choix de son cadre européen, aussi bien civil que militaire. Cette dérogation aux usages et aux traditions de la métropole se justifie par ce fait qu'aux colonies les Européens sont solidaires les uns des autres. Combien d'entre eux ont payé de leur vie les injustices ou les crimes imputables à ceux qui les avaient précédés ?

Nous devons reconnaître que, aussi bien de la part du ministère des colonies que de celui de la guerre, nous avons trouvé les plus grandes facilités pour exercer notre recrutement avec toute l'indépendance voulue.

C'est au choix judicieux du personnel, qui comprenait des officiers de haute valeur, comme les capitaines Calmel et Thomasset et un cadre d'officiers d'administration et de sous-officiers rompus à la vie coloniale, que nous devons attribuer la bonne marche des travaux.

A ce sujet, nous croyons devoir formuler notre opinion au sujet de l'effectif du personnel européen. Ce nombre doit être aussi réduit que possible : d'abord pour relever le prestige de l'Européen aux yeux des indigènes ; puis pour éviter l'envoi d'agents de qualité médiocre qui sont plus nuisibles qu'utiles.

Comme personnel de direction, une dizaine d'Européens suffisent pour une entreprise qui doit dépenser de 4 à 5 millions par an. Il faut y ajouter comme personnel subalterne d'exécution environ un Européen pour cent indigènes. Si nous appliquons ces chiffres à la Côte d'Ivoire où les travaux se sont élevés à 3 millions en 1904, 5 millions en 1905, avec un effectif moyen d'environ 2 000 indigènes, nous arrivons à un total de 30 Européens.

Ce nombre n'a pas été atteint en 1904, il est légèrement dépassé en 1905, ce qui s'explique par l'augmentation des crédits.

Personnel indigène

Nos prévisions sur le recrutement du personnel indigène dans la colonie même étaient pessimistes.

En 1899 nous avions évalué à 300 indigènes ceux que l'on pourrait trouver à recruter de bonne volonté le long de la ligne.

Fort heureusement nos évaluations ont été dépassées et le recrutement local a atteint plus d'un millier d'hommes, les uns embauchés le long de la ligne, les autres venant de divers points de la colonie. Nous avons dû cependant faire appel aux colonies voisines, le Sénégal, la Guinée, le Dahomey et la Gold-Coast, qui nous ont fourni des ouvriers d'art et des terrassiers déjà exercés. Plus de dix races étaient représentées avec autant d'idiomes différents. Il a donc fallu organiser les équipes et même, pour éviter des conflits sanglants, grouper les équipes de même race dans les mêmes chantiers.

Tout le personnel est payé à la journée et nourri. Les manœuvres et les terrassiers touchent 1 fr à 1,30 fr par jour et la ration d'une valeur de 0,30 fr.; les ouvriers d'art 2,50 fr à 6 fr par jour et la ration de 0,50 fr. Pour augmenter le rendement, nous avons appliqué le système des primes en nature et des primes à la surproduction en mettant pour la première fois en pratique ce principe de justice : « Tout homme qui a le droit de punir doit également pouvoir récompenser. »

Pour cela, il fallait d'abord organiser une hiérarchie rigoureuse. A la base nous trouvons le chef d'équipe indigène qui commande à environ 40 hommes.

Puis le chef de groupe européen (sous-officier ou commis) qui dirige trois ou quatre équipes de 120 à 150 hommes.

Au-dessus le lieutenant chef de chantier avec 500 à 600 hommes, puis le capitaine chef de service.

Les attributions de chaque échelon en matière de discipline, punitions, réclamations sont nettement définies.

Le chef d'équipe indigène a la police de son équipe, mais en revanche il signale les bons travailleurs qui ont droit au partage des bénéfices à la fin du mois.

Le sous-officier peut distribuer tous les dimanches un supplément de rations aux équipes qui ont bien travaillé pendant la semaine.

Pour éviter les abus ce supplément se touche en nature et le maximum par tête de travailleur est fixé à 0,25 fr.

Le lieutenant établit à la fin du mois le cube fait par chaque équipe.

Si ce cube est inférieur à la moyenne fixée par le directeur sur la proposition du chef de service, la journée est payée intégralement, mais le chef d'équipe est prévenu que son équipe sera surveillée de près ; si le cube est supérieur, le bénéfice est partagé par moitié entre les travailleurs et le service du chemin de fer. Si le mètre cube revient à 1 fr, l'équipe touche 0,50 fr par mètre cube supplémentaire.

Grâce à cette organisation, nous avons diminué les réclamations dont les indigènes abusent volontiers et augmenté le rendement. Dès le début le rendement moyen a été supérieur à 1 m^3 par homme et par jour et certaines équipes ont dépassé 3 m^3. Ce résultat prouve qu'il est possible de tirer un bon parti de la main-d'œuvre indigène à condition d'être juste, généreux à l'occasion et de s'occuper du bien-être matériel de ses ouvriers.

Les vivres

Pour avoir une réelle autorité sur l'indigène il faut le nourrir ; sans cela il a une tendance fâcheuse à considérer la propriété d'autrui comme la sienne, ce qui amène fatalement des discussions et des conflits avec les villages voisins des chantiers.

Comme, en outre, le noir est très imprévoyant, il faut lui distribuer sa nourriture au jour le jour.

Pour nourrir 2 000 hommes il est donc indispensable d'organiser un véritable service d'intendance. Les vivres sont achetés par adjudication publique et en 1904 la dépense a atteint 500 000 fr.

Le médecin chef du service de santé contrôle les échantillons déposés, vérifie la qualité des livraisons successives, exerce une surveillance active sur la viande sur pied, débitée par l'abattoir du chemin de fer.

Les vivres étant fournis par le commerce local, dont les

magasins sont à Grand-Bassam, il a fallu parer aux interruptions de communication, conséquence des épidémies de fièvre jaune. Aussi, dès le mois de mai 1904 nous avons constitué dans le magasin central d'Abidjan une réserve de 100 000 rations. Les magasins annexes reçoivent les vivres tous les quinze jours et ont en excédent une réserve de dix jours.

Grâce à cette organisation, nous avons pu assurer jour par jour la nourriture des indigènes sans la moindre interruption. Les Européens ne touchent pas la ration, mais ils peuvent se procurer au magasin central, à titre remboursable et au prix d'adjudication, les objets de première nécessité, vin, farine, riz, pétrole, sucre, café, etc.

Trois fois par semaine il y a distribution de viande fraîche. Un troupeau de 50 têtes de bétail provenant du Sénégal est parqué à Abidjan. Les bœufs amenés tous les mois par la Compagnie des Chargeurs Réunis peuvent se refaire pendant quinze jours à trois semaines avant d'être abattus.

Les moyens de transport

La plaie de l'Afrique occidentale, c'est le portage à dos d'homme, et il faut rechercher dans cette corvée impopulaire l'origine de tous les soulèvements et de tous les conflits. Aussi nous nous sommes imposé l'obligation de supprimer le portage dès le début des travaux.

15 km de voie Decauville de 60 cm, et 200 wagonnets (fig. 1) que nous avons amenés sur le même bateau que notre personnel, nous ont permis de substituer dès le mois de février 1904 le roulage au portage.

Toutes les constructions européennes étaient à élever sur un plateau qui domine de 30 m la lagune et qui est bordé de fortes pentes. Nous avons installé un plan incliné de 100 m de longueur muni d'un va-et-vient avec câble métallique pour élever les matériaux.

Enfin, grâce à la disposition des lieux, nous avons employé sur une large échelle les transports par eau. Le premier matériel débarqua à Grand-Bassam, à 50 km d'Abidjan, mais à partir de mai 1904 nous avons pu obtenir des compagnies de navigation qu'elles s'arrêtent à Port-Bouet. Deux appontements munis de grues à main et de grues à

Fig 1. — Les wagonnets Decauville.

vapeur ont permis de débarquer, en février 1905, 1 050 tonnes de rails et traverses en six jours.

Les carrières de pierres, granits ou gneiss sont ouvertes de préférence à proximité de la lagune, de façon à pouvoir faire les transports par eau.

Le chemin de fer dispose aujourd'hui d'une véritable flottille comprenant 31 unités :

Un remorqueur de 135 chevaux ;

Un remorqueur de 80 chevaux ;

Un remorqueur de 20 chevaux ;

Deux embarcations à pétrole ;

Six chalands de 20 à 40 tonnes ;

Vingt baleinières dont quelques-unes, aménagées pour le transport des rails, peuvent porter cinq tonnes.

Le matériel. — Les machines

Aux colonies l'outil le plus simple est toujours le meilleur. Si on disposait d'une main-d'œuvre en nombre illi-

Fig. 2. — L'usine électrique.

mité on pourrait avec des pelles, des pioches, des haches et des barres à mine, accomplir de grands travaux comme les Égyptiens.

Malheureusement, à la Côte d'Ivoire le recrutement de

la main-d'œuvre a des limites, et il a fallu suppléer au nombre par l'outillage.

Pour la première fois en Afrique occidentale, nous avons employé sur une assez grande échelle les moteurs à pétrole lampant du type Gnôme, qui tournent à 250 ou 300 tours et dont le mode d'allumage est très simple. Il consiste en une boule de fonte chauffée au rouge par une lampe qui emploie le même pétrole que le moteur (soit pé-

Fig. 8. — Le plan incliné. Charrue dessoucheuse.

trole de la maison Deutsch, soit pétrole américain dont un dépôt existe aux îles Canaries).

A condition de procéder à un nettoyage par quinzaine, ces moteurs fonctionnent très régulièrement.

Un des moteurs, de 6 chevaux (fig. 2), actionne une petite dynamo de 4 chevaux pour l'éclairage des pavillons d'officier, une machine à glace de 1 cheval et un plan incliné pour monter les matériaux sur le plateau (fig. 3).

Les deux autres moteurs, de 4 1/2 chevaux, font mouvoir

Fig. 4. — Le concasseur.

un concasseur-trieur (fig. 4) et une sonnette avec mouton de 500 kg (fig. 5).

Un quatrième moteur à pétrole lampant, de 12 chevaux, de la maison Sautter-Harlé, est installé sur une embarcation de 12 m de longueur.

Par suite d'un accident au débarquement ce moteur n'a pu fonctionner qu'en 1905.

Nous avons également trois moteurs à essence : l'un de 4 chevaux pour une automobile qui circule sur la voie de

60 cm, l'autre de 2 3/4 chevaux sur un petit canot Tellier; enfin, un de 12 chevaux sur un propulseur amovible. Par suite des difficultés d'entretien de l'allumage électrique les moteurs à essence ne nous ont pas donné la même satisfaction que les moteurs à pétrole lourd.

Fig. 5. — Sonnette avec moteur à pétrole.

Une expérience qui porte sur sept moteurs de différents systèmes est intéressante et permet de tirer des conclusions. Pour nous, le seul moteur à mettre entre les mains des indigènes est un type lourd à organes robustes, marchant à faible vitesse et avec allumage par une lampe facilement réglable.

Les Hollandais, qui emploient depuis longtemps les moteurs à pétrole pour la navigation sur les canaux, sont arrivés aux mêmes conclusions que nous. Malheureusement, en France, la navigation automobile, uniquement préoccupée de la vitesse, s'oriente vers les moteurs extra-légers.

Nous avons fait également une large place à la vapeur. Des chaudières Field font mouvoir une scie à vapeur mobile sur voie de 60 cm (fig. 6), une sonnette à vapeur sys-

Fig. 6. — Scie à vapeur mobile sur rails.

tème Decout-Lacour, du type des parcs de chemin de fer, mais mobile sur chariot et pouvant tourner de 360°. L'eau du plateau est également refoulée par une pompe à action directe dont la vapeur est fournie par une chaudière Field.

Comme machines à vapeur nous possédons deux locomobiles Chaligny de 6 et 24 chevaux, qui ont d'abord actionné des suceuses à sable et qui, aujourd'hui, font mouvoir les ateliers d'ajustage et de réparation.

Trois machines de 20, 60 et 135 chevaux sont installées sur les remorqueurs qui constituent la flottille des chemins de fer. Enfin, la drague à godets refouleuse possède deux magnifiques machines à triple expansion, l'une, de 150 chevaux, pour faire mouvoir la chaîne à godets, l'autre, de 400 chevaux, pour la pompe refouleuse qui peut transporter 200 m³ de déblai à l'heure à 600 m de distance.

Fig. 7. — Transporteur électrique.

Au total, le chemin de fer de la Côte d'Ivoire dispose de :

27 chevaux à pétrole lampant ;

20 chevaux à essence ;

800 chevaux-vapeur (non compris les locomotives).

L'outillage est complété par une charrue dessoucheuse (fig. 3), un rouleur compresseur, un trieur-laveur, un concasseur, un appareil de désinfection à acide sulfureux, des grues à main, une grue à vapeur, des treuils à vapeur, des cabestans, un malaxeur à béton, etc. Enfin, les ateliers du chemin de fer, installés d'une façon provisoire dès 1904, permettent d'entretenir l'outillage et le matériel roulant qui comprend trois locomotives et une vingtaine de wagons.

Le service de santé

Les circonstances dans lesquelles on devait commencer les travaux à la Côte d'Ivoire, en 1904, étaient peu favorables. Depuis l'épidémie de 1899 la fièvre jaune avait fait presque tous les ans sa réapparition à Grand-Bassam; de novembre 1903 à mars 1904 les communications avec la métropole ont été entravées par quatre quarantaines.

De plus, les travaux d'ouverture du canal maritime du côté de la lagune s'exécutaient dans un sol d'alluvions composé de détritus végétaux répandant une mauvaise odeur insupportable.

Si une épidémie était survenue au début des travaux c'était un arrêt de plus d'une année, presque un désastre. Nous avons organisé très fortement le service de santé qui comprenait comme personnel deux médecins, un pharmacien-infirmier, plusieurs infirmiers indigènes.

Comme matériel nous avions étudié avant notre départ de France, en collaboration avec M. Kermorgant, inspecteur général du service de santé des colonies, une infirmerie-hôpital organisée spécialement en vue de la fièvre jaune, avec grillages métalliques, tambours grillagés automatiques, cages métalliques d'isolement. Cette construction, d'un type nouveau, mérite une description sommaire.

Un hangar de 30 m de longueur, 14 m de largeur, 12 m de hauteur, couvert de fibro-ciment, abrite deux constructions indépendantes à étages (fig. 8) : l'une destinée au logement du médecin, salle de visite et pharmacie; l'autre aux malades européens.

Le rez-de-chaussée est en béton de ciment, le premier

étage en panneaux de bois, démontable, du système des baraques Gillet.

Fig. 8. — L'infirmerie-hôpital en construction.

L'air circule donc d'une façon continue sur les quatre faces et le dessus des maisons, qui ont un simple plafond sans toiture ; le hangar en fibro-ciment les abrite à la fois contre le soleil et contre la pluie.

A côté de ce bâtiment central, nous avons installé dix bâtiments annexes en briques pour recevoir l'infirmerie indigène, la salle de désinfection avec appareil Clayton à acide sulfureux, la buanderie, les cuisines, salle d'opérations, salle des morts, château d'eau, etc. L'ensemble de l'infirmerie-hôpital couvre un espace de 10 000 m^2 dans une situation admirable qui domine la mer et la lagune.

Commencé en mars 1904, tout cet ensemble a été achevé le 1er octobre, sous la direction du Dr Vivie qui cumule les fonctions d'architecte, de chirurgien et de chef du service de santé du chemin de fer.

L'alimentation en eau a été l'objet de nos premières préoccupations. Le service de l'eau potable pour tous les Européens est assuré sous la surveillance directe du médecin.

Deux porteurs vont puiser l'eau dans un puits spécial, fermé avec un cadenas, la versent sur un filtre à charbon et la transportent matin et soir à domicile dans des filtres en grès.

Grâce à ces précautions nous avons évité les épidémies de dysenterie, toujours à craindre dans les pays chauds et qui nous ont privé, au début des travaux, du concours d'un officier de valeur, le lieutenant Lelarge.

Les constructions

Jusqu'à présent, sauf à Madagascar, le service du génie s'était contenté, pour le personnel des travaux, d'installations sommaires dites de brousse, comportant soit la tente, soit des cases indigènes, soit des abris en planches couverts en tôle ondulée.

Pour permettre au personnel de résister au climat et d'accomplir ou même de prolonger la durée de séjour, nous estimons qu'il est indispensable de lui donner un confortable plus sérieux, aussi bien pour le logement que pour les autres besoins de la vie. Aussi nous n'avons pas hésité à inscrire dans le programme financier que nous avons soumis en octobre 1903 à M. le gouverneur général Roume une somme de 500 000 fr pour les installations du personnel et l'outillage d'un usage général.

Commencées en janvier 1904, les installations ont été poussées avec une telle activité qu'au mois d'avril tout le

Fig. 9. — Pavillon du directeur.

personnel européen, composé de trente personnes, était logé dans des maisons à étage avec rez-de-chaussée en briques.

Chaque officier dispose d'un pavillon (fig. 9 et 10) comprenant à l'étage chambre à coucher avec cabinet de toilette, cabinet de travail, au rez-de-chaussée salle à manger et bureau. Le premier étage est constitué par une baraque démontable en bois système Gillet couverte en fibro-ciment. Le rez-de-chaussée a été construit sur place en piliers de briques avec remplissage soit en briques, soit en bois, soit en panneaux de fibro-ciment.

Chaque maison, de $6 \times 8 = 48$ m², est revenue à 6 000 fr, soit environ 60 fr par mètre carré et par étage. Pour les sous-officiers et agents civils on a construit trois bâtiments contenant chacun dix chambres (fig. 11). Le rez-de-chaussée est entièrement en briques, dallé en béton de ciment, l'étage en bois avec vérandah à l'avant et à l'arrière.

Chaque bâtiment a 20 m de longueur, 9 m de largeur,

Fig. 10. — Pavillons d'officier.

4 m de hauteur à chaque étage. Il est revenu à 12 000 fr, soit 48 fr par mètre carré et par étage.

Enfin pour maintenir la main-d'œuvre sénégalaise, c'est-à-dire les ouvriers d'art, maçons, forgerons, charpentiers, nous avons créé une véritable cité ouvrière. Vingt-cinq maisons en briques couvertes en tôle ondulée renferment chacune quatre chambrettes indépendantes (fig. 12). On peut donc loger cent ouvriers d'art dans des conditions de confortable inconnues des noirs jusqu'à ce jour. Chaque maison, de 5 × 6 = 30 m², revient à 1 200 fr, soit 40 fr par mètre carré couvert.

Fig. 11. — Pavillons des sous-officiers.

En dehors du logement du personnel le service du che-

Fig. 12. — Cité ouvrière des Sénégalais.

min de fer a construit, en 1904, un hôpital comprenant onze bâtiments, trois grands magasins, un abattoir, une petite usine électrique, un pavillon en briques et fer pour le chef de service des douanes, des ateliers, un phare de 27 m de hauteur. Ces constructions couvrent une surface d'environ 4 000 m² et ont exigé l'emploi de 600 000 briques, dont les neuf dixièmes ont été faites dans la colonie même par les Pères des Missions africaines.

Le ciment revient à 80 fr la tonne ;

Les briques importées à 130 fr le mille ;

Les briques du pays à 65 fr le mille ;

Le bois de sapin à 130 fr le mètre cube.

Le chemin de fer

Nous avons adopté, à la Côte d'Ivoire, le système d'avancement à l'américaine ou à la russe. La difficulté des transports latéraux à travers la forêt impénétrable nous en faisait presque une obligation. Ce système a d'ailleurs de grands avantages : il supprime les transports à dos d'homme, rend la surveillance plus facile et permet d'augmenter le rendement des travailleurs, mieux encadrés, mieux logés et mieux nourris.

Voici comment nous avons organisé nos chantiers :

A l'extrême pointe la brigade de piquetage, ayant toujours 10 à 12 km d'avance et dirigée par un lieutenant, place les balises, trace les courbes, construit une piste, organise les campements et les points d'eau.

En arrière la brigade de bûcherons, forte de 200 hommes, ouvre la forêt sur une largeur de 20 à 100 m et prépare le travail des terrassiers (fig. 13). Le travail de débitage des bois est formidable ; les arbres de 50 m de hauteur, 6 à 8 m de diamètre à la base et pesant plus de 100 000 kg (fig. 14) ne sont pas rares.

Nous comptons que ce travail préparatoire représente le tiers du travail de terrassement.

A 2 km en arrière des bûcherons (fig. 15) vient la brigade des terrassiers, forte de 600 à 800 hommes, dont la consigne est de toujours marcher de l'avant.

Fig. 13. — Le travail préparatoire de la plate-forme.

Si le cube de profil est faible, elle met la plate-forme à sa largeur de 7 m (fig. 16), mais si le déblai ou le remblai dépasse 2,50 m³, elle ouvre seulement un passage de 2 m pour le Decauville de 60 cm qui passe sur des ponts en bois.

3 ou 4 km en arrière se trouve la brigade d'élargissement et de parachèvement, forte de 200 à 300 hommes, qui

Fig. 14. — Le débitage des bois.

amène les remblais et tranchées à largeur, trace les talus, remplace les ponts en bois par des ponts métalliques.

Enfin, à 10 ou 12 km en arrière, la brigade de pose de voie, forte également de 200 hommes, pose la voie de 1 m sur traverses métalliques (fig. 17), dépose la voie Decauville de 60 cm et l'emporte à l'avant.

A l'heure actuelle, les terrassiers sont au kilomètre 40, la voie Decauville au kilomètre 35, la voie de 1 m au kilomètre 25.

Comme on le voit, les quinze cents travailleurs du chemin de fer sont groupés dans un espace de 8 à 10 km ; tous les transports se font par wagonnets ou par locomotives. Une fois que cette organisation est bien en mains, bien ravitaillée par l'arrière, l'avancement est automatique. On peut compter sur 4 km par mois, 48 km par an. Ce chiffre

Fig. 15. — Abidjan. Équipe de bûcherons.

paraîtra faible, mais il est sûr et il peut être obtenu dès le premier jour où on a donné un coup de pioche.

Lorsqu'on divise une longueur totale d'une ligne africaine par le temps qui s'est écoulé entre le commencement des travaux et l'ouverture à l'exploitation, on retombe toujours sur ce chiffre moyen de 40 à 50 km par an, que les lignes soient construites par les Anglais, par les Belges, par les Hollandais ou les Allemands.

La voie de 1 m est constituée par des rails de 25 kg posés sur traverses métalliques de 38 kg au moyen de boulons et crapauds, à raison de 1 333 traverses par kilomètre. Le rayon minimum des courbes est de 160 m, les pentes nettes de 25 mm. Les locomotives de travaux pèsent de 15 à 20 tonnes en charge. Les locomotives de service actuellement en construction pèseront 32 tonnes en charge et pourront remorquer des trains de 100 tonnes à la vitesse commerciale de 40 km à l'heure. La vitesse maximum sera de 60 km en palier. Les voitures auront tout le con-

Fig. 16. — Le début du chemin de fer.

fort moderne, à couloir avec salle à manger de douze couverts, cabines-salons, glacière, cuisine, cabinets de toilette.

La dépense kilométrique évaluée à 77 000 fr, portée ensuite à 81 000 fr par suite de l'augmentation du poids du rail et des traverses, ne sera pas dépassée.

Le cube moyen des terrassements oscille entre 6 000 et 8 000 m³ par kilomètre. Les ouvrages d'art sont peu nombreux et les ponts, sauf celui du N'zi, ne dépasseront pas

15 m de portée. Le terrain est très accidenté, mais à faible relief. Les collines et vallées ont au maximum 60 m de hauteur ou de profondeur. Le terrain est solide, constitué au début par une terre rouge fortement chargée d'oxyde de fer, puis plus loin par un mélange d'argile rouge et de cailloux de quartz.

Fig. 17. — Dépôt de traverses métalliques à Abidjan en avril 1904.

La ligne se tenant à une altitude élevée rencontre rarement les affleurements de granit qui constituent le soussol de la Côte d'Ivoire.

La ville d'Abidjan

Dès que le canal maritime sera ouvert aux bateaux de mer, Grand-Bassam, capitale commerciale actuelle de la colonie, passera au deuxième rang et les maisons de commerce viendront s'installer à Abidjan.

Instruit par l'expérience de la formation des villes coloniales, Dakar, Saint-Louis, Kotonou, Grand-Bassam qui ont poussé un peu au hasard, sans plan d'ensemble, nous nous sommes préoccupé de tracer et de préparer l'emplacement de la ville future avant que le premier habitant soit venu s'y installer.

La future ville d'Abidjan est conçue dans le type américain avec d'immenses avenues ou boulevards, à angles droits, larges de 20 m et entourant des concessions de 100 m de côté ou 10 000 m². Pour le petit commerce chaque carré peut être subdivisé en quatre. Provisoirement, la ville a 1 300 m de long sur 600 m de large. Elle occupe le sommet d'un immense plateau à dos d'âne qui s'avance dans la lagune et qui est bordé par deux baies de 4 km de profondeur.

La ville peut donc se développer indéfiniment vers le nord. Dès le mois de février 1904, nous commencions le piquetage des avenues; au mois d'avril, le plan d'ensemble était approuvé; au mois de juillet, les concessions distribuées; au mois d'octobre, on inaugurait l'hôpital et, au mois de novembre, le pavillon du chef de service des douanes.

Le réseau d'égouts est commencé et on pose la canalisation de l'alimentation en eau.

Une rivière qui se jette au fond de la baie d'Abidjan et qui peut fournir 2 000 m³ par jour d'une eau très pure, coulant sur fond de sable, servira à alimenter le chemin de fer, la ville et le port. Provisoirement 200 m³ suffiront aux premiers besoins et une petite usine élévatoire à vapeur actionnant une pompe à action directe est au montage.

La ville haute, balayée par les vents venant du large, bien drainée, largement alimentée d'eau potable, paraît présenter toutes les conditions désirables de salubrité.

Le commerce d'huile de palmes et de bois d'acajou qui se fait principalement par eau exige des installations sur le bord de la lagune dans des conditions hygiéniques très défectueuses.

Voici comment nous sommes parvenu à concilier les exigences du commerce et de salubrité.

En même temps que nous tracions la ville haute, nous organisions sur les bords de la lagune pour faire suite à la gare de marchandises un immense emplacement appelé terre-plein du commerce.

Ce terre-plein est relié à la lagune par un appontement de 80 m muni d'une double voie de 0,60 m et de 1 m. Il peut recevoir dix grands magasins de 600 m². Chaque magasin est desservi par l'arrière par la voie de 1 m qui le relie au port, à la gare de marchandises et à la gare du plateau. A l'avant une double voie Decauville facilite les manutentions.

L'administration a pris à sa charge l'organisation du terre-plein; elle construit même des magasins qui pourront être loués au petit commerce, mais à une condition c'est que les compagnies prennent l'engagement de loger le personnel européen dans la ville haute et de n'utiliser la concession du bas que comme magasin de dépôt et de manutention.

Sous réserve de cet engagement, des concessions gratuites sont données dans la ville haute en même temps que la jouissance d'une portion de terre-plein, environ 1 600 m² par maison de commerce.

A 1 200 m du terre-plein du commerce réservé à la navigation fluviale, se trouve l'emplacement du port maritime où viendront accoster les bateaux de mer calant 6 à 7 m et portant 2 000 à 3 000 tonnes. Il est facile de gagner du terrain sur la lagune et on peut entrevoir le moment où le port maritime et le port fluvial seront réunis l'un à l'autre.

Le port maritime

Le cordon littoral à Port-Bouet atteint son minimum de largeur de 800 m et en ce point aboutit une vallée sous-marine à pentes très raides, atteignant 30 p. 100 et signalée pour la première fois par l'amiral Bouet-Villaumez, dont la colonie a voulu perpétuer la mémoire en donnant son nom au nouveau port. L'existence de cette vallée

Fig. 18. — Le canal maritime en juillet 1904.

constitue une circonstance extrêmement favorable pour défendre l'avant-port contre les ensablements, car avec une jetée de 70 m de longueur seulement, nous pouvons détourner les courants de sable et les amener par fonds de 10 m où ils cessent d'être dangereux.

Le travail sera exécuté en trois phases.

En 1904, nous avons fait tout le travail à sec et creusé un canal ayant 10 m de largeur et 1,20 m de profondeur.

Ce canal (fig. 18) aboutit au pied de la jetée et permet déjà aux chalands de la lagune de venir prendre le matériel à l'appontement même. En 1905, on va, au moyen d'une drague puissante de 550 chevaux, élargir le canal à

Fig. 19. — L'élargissement du canal.

30 m (fig. 20), l'approfondir de 3 à 5 m et creuser l'avant-port. Le travail a été amorcé en 1904 par une petite drague suceuse (fig. 19).

Si aucun accident ne survient la communication avec la mer pourra être obtenue en septembre ou octobre 1905, et des allèges de 100 ou 200 tonnes pourront, dès cette époque, accoster à Abidjan. En 1906, le canal sera porté à sa section définitive : 60 m de largeur et 7 m de profondeur, l'avant-port sera terminé sur 300 m de diamètre et aura une surface de 50 000 m².

Les fonds de la lagune seront régularisés et portés à 7 m sur les premiers kilomètres du parcours.

Ce cube total à remuer est de un million de mètres cubes. En deux ans ce résultat peut être atteint facilement avec la drague qui fonctionne actuellement et qui peut refouler en marche continue plus de 3 000 m³ par vingt-quatre heures à 600 m de distance. Un phare dominant la mer de 27 m a été élevé à Port-Bouet et fonctionne depuis le mois de mars 1905. Il est à éclats espacés de huit secondes.

Deux appontements de 80 m dont l'un a été construit du 18 au 31 mai 1904 dans des conditions de rapidité remarquable, grâce à un travail ininterrompu de jour et de nuit, permettent de débarquer tout le matériel de construction.

En mars 1905, les deux appontements munis de grues à vapeur et de grues à main ont débarqué en six jours 1 050 tonnes de rails et de traverses.

Les jetées en maçonnerie, jalonnées déjà par les appontements en bois, sont commencées et on va probablement essayer, en 1905, de réaliser un projet que nous avions conçu dès 1899.

Il consiste à obtenir une jetée monolithe en coulant un bateau de 70 m de longueur entre deux appontements en bois et en le remplissant de béton de ciment.

On aura ainsi un bloc monolithe de 4 000 tonnes qui défiera la mer et la tempête.

Le projet est audacieux, mais il réalise une économie de 250 000 fr, et il réduit de plus d'un an la durée de construction.

L'opération est dès maintenant méthodiquement préparée. Les approvisionnements de pierres se constituent; les

Fig. 20. — Drague pour l'élargissement du canal.

malaxeurs à béton pouvant fournir 200 m³ par jour sont installés. Le bateau apportera lui-même le ciment nécessaire.

Si on pouvait être maître de la mer pendant huit jours,

le succès serait certain. Aux colonies comme ailleurs, le vieux proverbe est toujours vrai : « La fortune est aux audacieux. »

Conclusion

Au moment où il est question de remplacer progressivement le personnel du génie militaire par un personnel civil, nous avons cru utile de montrer ce que nous avons fait à la Côte d'Ivoire, de façon à permettre les comparaisons futures.

A notre arrivée, au mois de janvier 1904, nous avons trouvé le sol recouvert par la forêt vierge, et il a fallu employer la hache pour déblayer le terrain où se sont élevés nos premiers abris. Un an après, le pays était transformé, soixante maisons étaient sorties du sol, les locomotives remorquaient de lourds trains de matériel, le canal maritime était ouvert sur toute sa longueur et une ville nouvelle s'élevait au milieu des arbres géants abattus. Pour obtenir un pareil résultat, il faut autre chose que la science de l'ingénieur, il faut que tous, depuis le chef jusqu'au dernier des subordonnés, aient foi dans la grandeur de l'œuvre à accomplir et aient la volonté de l'accomplir.

Depuis dix ans, il s'est créé un génie colonial qui a maintenant ses cadres, ses traditions, ses aspirations.

Officiers, officiers d'administration, sous-officiers, simples sapeurs, nous avons tous un même but, un même idéal : montrer que le corps du génie qui a su s'illustrer dans la guerre peut aussi faire œuvre utile pendant la paix.

De 1830 à 1870, nous avons créé l'Algérie. Depuis dix ans nous avons pris possession de l'Afrique occidentale et de Madagascar. Quoi qu'il arrive, nous avons dès maintenant marqué notre passage et nous attendons avec confiance le jugement impartial de l'avenir.

ANNEXE

Ordres de service signés à Abidjan du 8 février au 4 mars 1904, par le commandant Houdaille, directeur du chemin de fer de la Côte d'Ivoire.

ORDRE N° 1

ORGANISATION DU PERSONNEL

En prenant, à la date du 8 février 1904, possession de son poste, le directeur du chemin de fer exprime au personnel sa profonde satisfaction pour l'effort considérable qui a été accompli pendant les mois de décembre 1903 et janvier 1904.

Il félicite tout particulièrement M. le capitaine Thomasset d'avoir compris et réalisé la véritable formule de la construction des chemins de fer coloniaux : « Avancer d'abord, parachever ensuite. » De son côté, M. l'officier d'administration Gonsolin, avec un personnel et un matériel très restreints, a su donner aux travaux de la coupure de Petit-Bassam une activité qui est d'un heureux présage pour l'achèvement du programme prévu en 1904.

A la date du 8 février 1904, le personnel sera ainsi réparti :

COMPTABILITÉ-FINANCES — SOLDE

Service de la direction, sous les ordres immédiats du directeur.

MM. Sahoner, officier d'administration, chargé de la comptabilité-finances; Senez, sergent du génie (remplira en même temps les fonctions de secrétaire particulier du directeur); Waly N'Diaye, écrivain.

2 écrivains indigènes (à recruter)

COMPTABILITÉ-MATIÈRES

Service des transports, débarquement, etc.

MM. Camus, officier d'administration, chargé de la comptabilité-matières; Ducouloux, adjudant d'artillerie coloniale, chargé du service des vivres et du magasin de distribution; Fratoni, sous-agent comptable de 2e classe; Grancher, Comparetti, piqueurs auxiliaires; Laurence, garde-magasin.

Service du chemin de fer.

MM. Thomasset, capitaine, chef de service; Vincent, secrétaire particulier du chef de service.

Service des études.

MM. Mornet, lieutenant du génie; Marache, sergent-major du génie; Pouget, sergent du génie.

Service de l'infrastructure.

MM. Lelarge, lieutenant du génie; Vasson, adjudant du génie; Dalinval, caporal du génie; Decombe, sergent du génie.

Service des installations d'Abidjan.

Provisoirement, le personnel ci-dessous prendra directement les ordres du capitaine Thomasset.

MM. Lemaître, piqueur stagiaire, service des bâtiments; Bottard, sergent du génie, service des installations de la gare; Lemoyne, mécanicien, montage des machines.

Service du port sous la direction du capitaine Calmel.

MM. Gonsolin, officier d'administration du génie, chef du chantier; Kern, commis de 2e classe des travaux publics des colonies, service des bâtiments; Bertrand, sergent du génie, service des installations; Rouard, sergent du génie; Lodovici, chef-dragueur, service des appareils mécaniques.

Service sanitaire.

MM. Vivie, médecin-major de 2e classe, chef du service, avec résidence à Abidjan; Pouillot, médecin aide-major de 1re classe, chargé du service de Petit-Bassam et éventuellement de Jacqueville et Bingerville; Passicos, soldat de 1re classe, faisant fonction de pharmacien.

3 infirmiers indigènes à Abidjan; 2 infirmiers indigènes à Petit-Bassam.

RÉPARTITION DES ÉQUIPES

Nos 1 et 2 :	MM. Fratoni;	Les équipes 1, 2, 3 et 4 sont mises à la disposition de M. Camus.
3 et 4 :	Ducouloux, adjudant;	
5 et 6 :	Lemaître;	
7 à 9 :	Bottard, sergent;	
10 :	Passicos, soldat (infirmerie);	
11 à 13 :	Service des études;	
14 à 30 :	Vasson, adjudant (main-d'œuvre importée);	
31 à 40 :	Decombe, sergent (main-d'œuvre locale).	

Ouvriers d'art : MM. Lemoyne, à Abidjan; Lodovici, à Petit-Bassam.

ORDRE N° 2

Organisation des équipes indigènes.

A partir du 1er mars 1904, toutes les équipes indigènes seront désignées par un numéro d'ordre et chaque indigène recevra un jeton en zinc portant ce numéro.

Les équipes du n° 1 au n° 10 inclus seront en principe affectées au service général et payées sur les fonds de l'article 2 du fonds d'emprunt.

Les équipes du n° 11 au n° 40 inclus seront affectées à l'infrastructure et payées sur les fonds de l'article 3 du fonds d'emprunt.

Les équipes du n° 41 au n° 50 inclus seront affectées aux travaux de la coupure et seront payées sur les fonds de l'article 5 du fonds d'emprunt.

En principe, une équipe ne devra pas comprendre plus de quarante hommes commandés par un chef d'équipe.

Deux équipes inférieures à vingt hommes pourront porter le même numéro, mais, pour les distinguer l'une de l'autre les jetons de l'une d'elles seront percés d'un second trou.

Les chefs d'équipe recevront, outre le numéro spécial à l'équipe, une plaque en cuivre sur laquelle seront gravés leur nom, le nombre d'hommes et le numéro de l'équipe.

Les numéros seront distribués le 1er mars par M. l'officier d'administration Sahoner aux différents chefs de chantier, sur le vu des feuilles d'attachement.

Les numéros disponibles seront conservés pour être distribués à de nouveaux engagés.

Tout indigène employé sur les chantiers du chemin de fer et du port devra porter constamment sur lui son numéro d'équipe et le présenter à toute réquisition des officiers ou de son chef direct.

Pour habituer les indigènes à porter ce numéro d'ordre, les chefs de chantier se feront présenter les jetons le lundi de chaque semaine.

Ceux qui ne pourront pas présenter leur jeton seront privés de deux jours de solde.

Lorsqu'une équipe sera licenciée, le chef de l'équipe remettra les numéros au chef de chantier.

Le numéro de l'équipe sera toujours inscrit sur les feuilles d'attachement, et, à la fin de chaque mois, les chefs de service signaleront au directeur les équipes qui ont produit le plus de travail.

Le directeur se réserve de faire distribuer aux meilleures équipes des rations supplémentaires de viande, de poisson ou de tabac.

En dehors du numéro d'ordre, les chefs de chantier sont invités à distribuer à chaque travailleur une fiche en bois ou en métal sur laquelle sera gravé son nom.

Lorsque le numérotage des équipes sera terminé, un ordre spécial indiquera les noms des agents chefs de groupe d'équipes.

Toute réclamation devra suivre la voie hiérarchique, savoir :

Chef d'équipe indigène ; chef de groupe européen ; chef de chantier ; chef de service ; directeur.

Les chefs de groupe seront tenus de signaler toute réclamation quelle qu'elle soit au chef de chantier.

Ce dernier pourra en général donner une solution à la réclamation, et dans ce cas il se bornera à en informer son chef de service.

Les chefs de service proposeront au directeur, à la fin de chaque mois, les améliorations qu'ils jugeront utiles.

ORDRE N° 3

COMPOSITION DE LA RATION

A dater du 15 février 1904, le taux des diverses rations sera fixé comme il suit :

Ration n° 1 (manœuvres indigènes).

Maïs 800 g, ou riz 600 g (valeur environ 20 c); huile de palme 150 g (valeur environ 5 c); sel 20 g (valeur environ 2 c); poisson conservé 100 g par jour, ou viande conservée 100 g, ou viande fraîche 100 g, ou sucre 100 g (valeur environ 9 c).

Ces diverses distributions seront alternées. Lundi : poisson; mardi : viande, etc. Valeur moyenne : 35 c.

Ration n° 2 (ouvriers d'art sénégalais miliciens).

Riz 600 g; sel 20 g; huile de palme 150 g, ou poisson conservé 250 g, ou viande conservée 250 g, ou viande fraîche 250 g.

Ration n° 3 (Sénégalais ayant des emplois spéciaux, écrivains, garde-magasin, infirmiers).

Riz 600 g; sel 20 g; poisson conservé 250 g, ou viande fraîche 250 g.

Tous les mois : sucre 1 kg; café 500 g; poivre 50 g; huile d'arachides 3 litres.

ORDRE N° 4

VIVRES REMBOURSABLES

En vue de l'application prochaine du décret du 31 décembre 1903 qui supprime la ration ou l'indemnité représentative dans toutes les colonies et qui alloue aux Européens une indemnité spéciale de cherté de vivres, le directeur arrête les dispositions suivantes :

Les Européens qui en feront la demande avant le 1er mars 1904 pourront percevoir, à partir de cette date et à titre remboursable, les vivres ci-après :

	PRIX de remboursement. — fr
Pain (maximum 1 kg par jour) . . .	0,60 le kg;
Viande fraîche (maximum 500 g par jour)	2,50 —
Viande de conserve	1,00 la boîte de 453 g;
Poulets (maximum 10 par mois) . .	1,00 la pièce;
Œufs (maximum 30 par mois) . . .	0,10 —
Sucre	0,80 le kg;
Café	3,00 —
Vin (maximum 1 litre par jour) . .	0,90 le litre;
Tafia (maximum 2 litres par mois) .	1,20 —
Pétrole	0,40 —

Afin de permettre au directeur de faire préparer en temps utile les marchés de vivres, chaque Européen remettra avant le 15 février à l'adjudant Ducouloux, chargé de centraliser les demandes, une note indiquant les vivres pour lesquels il compte user de la faculté de remboursement.

ORDRE N° 5

Sur la proposition du médecin-major de 2e classe, chef du service médical, l'organisation de ce service est arrêtée ainsi qu'il suit :

A) SERVICE MÉDICAL

1° Répartition du personnel.

Abidjan.	1 médecin-major de 2e classe : Dr Vivie ; 1 infirmier européen : Passicos ; 2 infirmiers indigènes { Ibrahim Kamara ; Samba Diabé ; 2 travailleurs.
Petit-Bassam.	1 médecin aide-major de 1re classe : Dr Pouillot ; 2 infirmiers indigènes { Demba Diavoara ; Zan Diara.
Service de l'avant.	1 infirmier indigène : Smith Frédérikson.

2° Locaux.

Abidjan.	En attendant la construction de l'infirmerie-hôpital, la visite sera passée dans une case construite en face du logement du chef du service de santé.
Petit-Bassam.	Le docteur Pouillot adressera à son chef de service les propositions pour l'installation sanitaire de Petit-Bassam.

3° Fonctionnement.

La visite sera passée à 7 heures du matin, les malades seront inscrits sur un cahier de visite soigneusement tenu à l'infirmerie. Tout travailleur indigène exempté de service recevra une fiche qu'il ira présenter à son chef de chantier.

Les postes de Petit-Bassam et de l'avant évacueront leurs malades graves sur Abidjan. Ils fourniront mensuellement un état indiquant leur effectif total (européen et indigène), le nombre moyen des malades et les médicaments dont ils ont besoin.

Une instruction médicale sera fournie aux postes de l'avant.

B) SERVICE SANITAIRE

Eau potable. — Des tonneaux-filtres sont installés près de la maison du directeur sous la surveillance de l'infirmier européen ;

là viendront s'approvisionner les diverses popotes. Chaque popote sera munie d'une fontaine en grès pour sa provision d'eau potable.

Viande. — Toute viande abattue, surtout bœuf et porc, sera soumise à une visite médicale, ainsi que toute denrée ou aliment de qualité douteuse.

Vidanges (Européens). — Des fosses fixes sont provisoirement en usage, bientôt des water-closets à tinettes mobiles seront installés à proximité des habitations.

Tous les jours, les tinettes seront vidées, désinfectées et leur contenu transporté dans un dépotoir situé au nord du campement. Cette opération se fera sous la surveillance et la responsabilité d'un infirmier.

Vidanges (indigènes). — Des fosses fixes couvertes seront construites à proximité des campements indigènes. Elles seront désinfectées toutes les semaines et comblées après quelque temps d'usage.

ORDRE N° 6

En raison des difficultés de recrutement des boys ou cuisiniers, le directeur du chemin de fer prescrit les dispositions suivantes qui seront applicables à partir du 1er mars 1904.

Tout Européen aura la faculté de recruter soit parmi le personnel indigène placé sous ses ordres, soit parmi les indigènes des villages voisins, un boy ou un cuisinier pour le salaire duquel il sera retenu mensuellement une somme de 15 fr, pour les officiers et assimilés, et de 10 fr pour les sous-officiers et assimilés.

Le service du chemin de fer fournira la ration et se chargera du payement du salaire.

A cet effet, tous les boys et cuisiniers figureront sur une feuille d'attachement tenue par l'adjudant Ducouloux qui sera chargé de la surveillance de ce personnel.

En conséquence, chaque Européen devra remettre avant le 20 février à l'adjudant Ducouloux une fiche indiquant : le nom de son boy ; ses signalement ou signes particuliers ; son village d'origine ; s'il appartient aux équipes ou s'il est recruté à l'intérieur.

Il est recommandé de choisir autant que possible des manœuvres dont la faible constitution ne permet pas d'exiger un travail sérieux sur les chantiers.

Les groupements d'Européens qui désireraient employer un cuisinier en dehors du boy individuel en feront la demande écrite au directeur qui se réserve d'y donner suite suivant les circonstances.

Les écrivains, les infirmiers, garde-magasin auront également la faculté de se grouper par quatre et d'employer un cuisinier pour lequel ils subiront une retenue de 2,50 fr par mois sur leurs salaires.

Ils devront, s'ils veulent profiter de cette faveur, donner le nom des quatre membres du groupe ainsi que le signalement de leur cuisinier à l'adjudant Ducouloux.

Chaque boy ou cuisinier recevra au même titre que les autres ouvriers des chantiers un livret individuel.

ORDRE N° 7

INSTALLATION DES EUROPÉENS

Au fur et à mesure que les ressources du magasin le permettront, tout Européen employé aux travaux du chemin de fer et du port pourra recevoir le mobilier ci-après, dont il délivrera reçu régulier et dont il sera responsable :

Officiers et assimilés.

1 lit avec matelas, traversin et moustiquaire ; 2 chaises ; 1 fauteuil ; 1 table ; 1 armoire fermant à clef.

Sous-officiers et assimilés.

1 lit avec matelas, traversin et moustiquaire ; 2 chaises ; 1 table ; 1 étagère en bois blanc.

En outre, chaque groupe d'au moins quatre Européens, à la condition de désigner l'un des membres du groupe qui sera responsable du matériel livré, aura droit au mobilier et aux installations ci-après :

1 salle à manger de 3 m sur 4 m; 1 cuisine en briques de 2,50 m sur 3 m avec fourneau; 1 water-closet avec tinettes mobiles; 1 fontaine-filtre; 1 table pour salle à manger; 1 armoire à provisions fermant à clef.

Il sera installé sous la surveillance du service médical deux salles de douche, l'une pour les officiers et assimilés, l'autre pour les sous-officiers et assimilés.

Mesures d'exécution.

M. l'officier d'administration Camus soumettra, le 20 février, au directeur, un état de la répartition actuelle du mobilier par Européen et par groupe d'Européens, en faisant ressortir le déficit ou l'excédent s'il y a lieu.

Une commande complémentaire sera établie le 1er mars.

M. le capitaine Thomasset, chef du service du chemin de fer, fixera, d'accord avec le Dr Vivie, l'emplacement des cuisines, water-closets, salles à manger, salles de douche et établira les croquis d'exécution, de façon à terminer les travaux d'installation le 1er avril si les ressources en matériaux et en ouvriers le permettent.

M. l'officier d'administration Gonsolin fera parvenir ses propositions avant le 25 février à M. le capitaine Calmel, à Bingerville.

ORDRE N° 8

À partir du 23 février, le service des communications sera assuré régulièrement trois fois par semaine entre Abidjan, Bingerville et Petit-Bassam.

Premier départ : le lundi, assuré par l'équipe d'Abidjan.

Départ d'Abidjan	à 7 heures du matin
Arrivée à Bingerville	à 9 h. 1/2 —
Départ de Bingerville . . .	à 1 h. 1/2 du soir
Arrivée à Petit-Bassam . . .	à 3 h. 1/2 —
Départ de Petit-Bassam . . .	à 4 h. 1/2 —
Arrivée à Abidjan	à 6 heures —

Deuxième départ : le jeudi, assuré par l'équipe de Petit-Bassam.

Départ de Petit-Bassam. . .	à 7 heures du matin
Arrivée à Abidjan	à 8 h. 1/2 —
Départ d'Abidjan	à 9 h. 1/2 —
Arrivée à Bingerville. . . .	à midi
Départ de Bingerville . . .	à 4 heures du soir
Arrivée à Petit-Bassam . . .	à 6 —

Troisième départ : le samedi, assuré par l'équipe d'Abidjan. Même itinéraire que pour le premier départ.

Mesures d'exécution.

M. l'officier d'administration Camus, chargé du service des transports, organisera les départs.

Il sera secondé par l'infirmier Passicos, qui centralisera les lettres et colis le lundi soir à 6 heures ; le jeudi matin à 7 heures ; le vendredi soir à 6 heures.

Une cantine destinée à recevoir les lettres et colis sera déposée en permanence devant le bureau de la direction, sous la surveillance du planton.

Pour obtenir des équipes la régularité, il sera distribué à titre de gratification deux bouteilles de tafia, si le départ et l'arrivée ont eu lieu aux heures fixées.

Copie de cet ordre de service sera adressée mardi au gouverneur de la Côte d'Ivoire, au chef de service des travaux à Bingerville et au chef de chantier à Petit-Bassam.

ORDRE N° 9

A dater du 25 février, il y aura réunion dans le bureau du directeur *tous les jeudis à 10 heures du matin.*

Assisteront à cette réunion :

Tous les officiers et assimilés ; l'adjudant Vasson ; l'adjudant Ducouloux ; les sergents Bottard, Decombe, Senez ; MM. Lemaître et Lemoyne.

M. le lieutenant Mornet, chargé du service des études, et M. l'officier d'administration Gonsolin, chef du chantier du port, assisteront à la réunion ou s'y feront représenter par un des agents placés sous leurs ordres.

ORDRE N° 10

A partir du 1er mars, les divers chefs de groupe adresseront aux chefs de chantier des propositions pour l'organisation progressive du travail à la tâche avec prime.

Pour la période d'essai, qui durera jusqu'au 1er mai, le système fonctionnera de la façon suivante :

Le chef de groupe donnera, au chef d'équipe indigène, une tâche à faire dans un délai compris entre huit et quinze jours. Cette tâche sera calculée, suivant le terrain et suivant la valeur des équipes, à raison de 1 m^3 à 1,5 m^3 par homme et par jour ; s'il y a du transport par décauville, ce chiffre peut être réduit à 0,750 m^3.

Le chef de groupe remet une fiche au chef de chantier, indiquant le cube de la tâche donnée, le nombre d'hommes, la durée prévue. Lorsque la tâche est terminée, il remet une deuxième fiche donnant la valeur exacte des journées de présence déduite du carnet d'attachement et le cube réel.

Sur le vu de ces deux fiches, le directeur, sur la proposition du chef de service, fixera la quotité de la prime à allouer soit en nature, soit en argent.

Cette prime sera distribuée dans les quarante-huit heures sous la surveillance du chef de groupe, d'après la répartition suivante :

Deux parts pour le chef d'équipe ; une part pour le travailleur ordinaire ; une demi-part pour le travailleur faible ; aucune part pour le mauvais travailleur.

Le chef d'équipe indiquera lui-même les travailleurs qui ont droit à une part, une demi-part ou qui ne toucheront pas de part.

La prime allouée en nature pourra consister en sucre, tabac, tafia, viande ou poisson. Les chefs de groupe indiqueront la préférence des équipes pour l'une ou l'autre de ces denrées ou pour la prime en argent.

En ce qui concerne les ouvriers d'art, MM. Lemaître, Lemoyne, Bottard et Kern feront des propositions en se basant sur les mêmes principes.

Bien entendu, rien n'est changé à la tenue des carnets d'attachement et du payement mensuel.

Les primes constitueront de simples suppléments destinés à obtenir de la main-d'œuvre indigène un rendement supérieur.

Afin de permettre aux chefs de groupe de stimuler leurs équipes, ils pourront faire distribuer tous les dimanches aux meilleures équipes une ration supplémentaire de tabac, sucre, tafia, poisson, etc.

Ils feront à cet effet viser les bons par les chefs de chantier. La dépense ne devra pas dépasser 25 c par tête d'ouvrier et par dimanche.

La première distribution aura lieu le 28 février 1904.

ORDRE N° 11

Concernant les mesures à prendre pendant la durée des épidémies de fièvre jaune.

A partir du jour où Grand-Bassam aura été déclaré en quarantaine, les mesures suivantes seront prises pour isoler Abidjan et Petit-Bassam.

Un poste de miliciens sera établi à Anouabo et empêchera de débarquer toute personne qui n'est pas munie d'un laissez-passer signé soit du docteur Braud à Bingerville, soit du docteur Vivie à Abidjan, soit du docteur Pouillot à Petit-Bassam.

Des mesures identiques seront prises à Petit-Bassam : un poste de miliciens sera établi sur la plage à 2 km de l'axe du canal, côté Bassam, pour surveiller les mouvements par terre.

Un milicien sera de garde à l'appontement pour empêcher l'accostage.

ADDITION A L'ORDRE N° 11

A partir du 4 mars, il sera créé un nouveau poste sanitaire à 1 km à l'ouest du canal, côté Jacqueville.

L'effectif du détachement de Petit-Bassam sera renforcé de trois miliciens qui seront mis en route le 4 mars à 2 heures par les soins de l'adjudant Ducouloux. Un modèle de laissez-passer uniforme sera établi par les soins du docteur Vivie. Ce laissez-passer portera comme signe caractéristique une main imprimée au moyen d'un tampon en caoutchouc.

Nancy, impr. Berger-Levrault et Cie

CHEMIN DE FER ET PORT DE LA CÔTE D'IVOIRE

Planche I

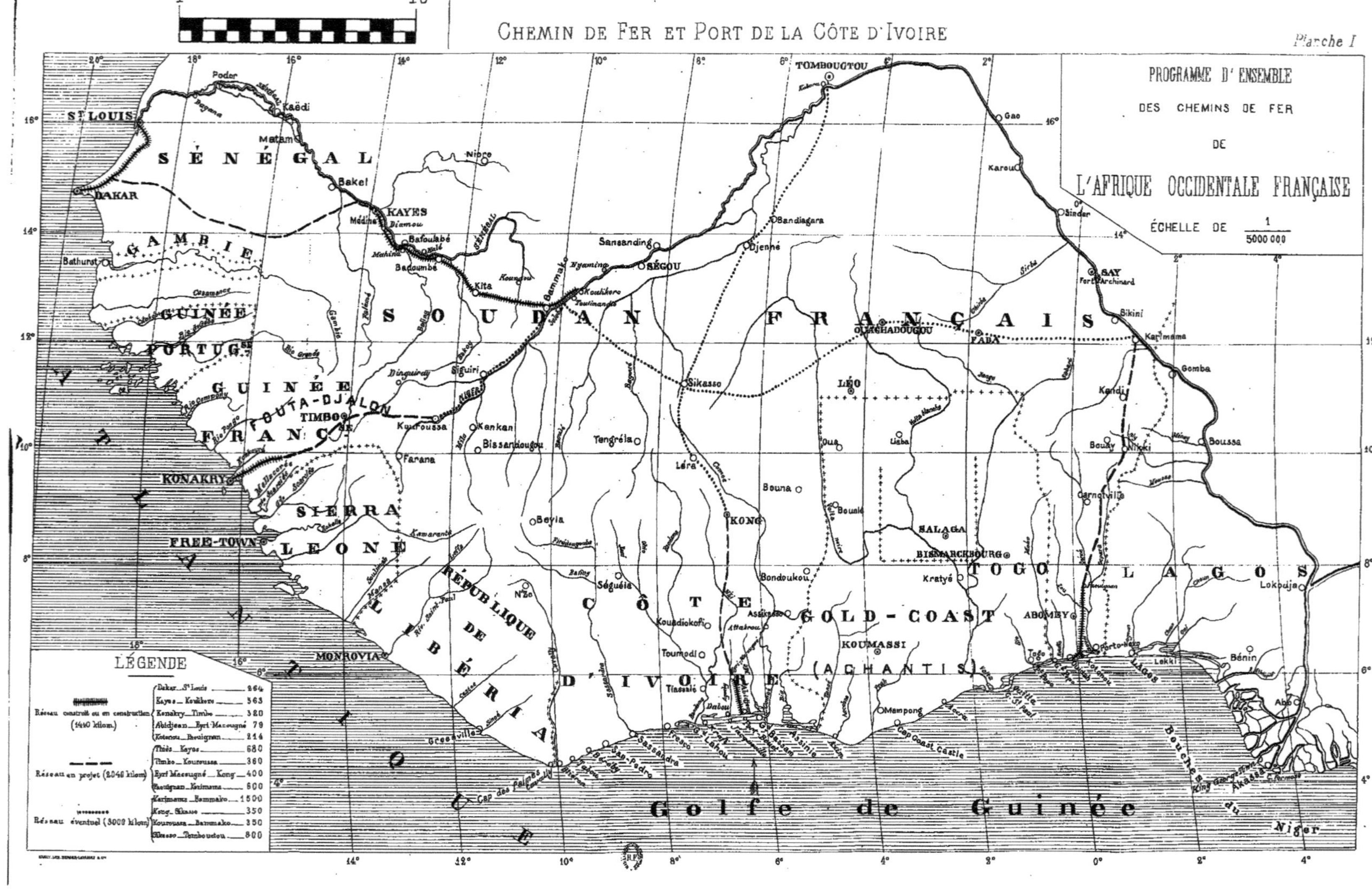

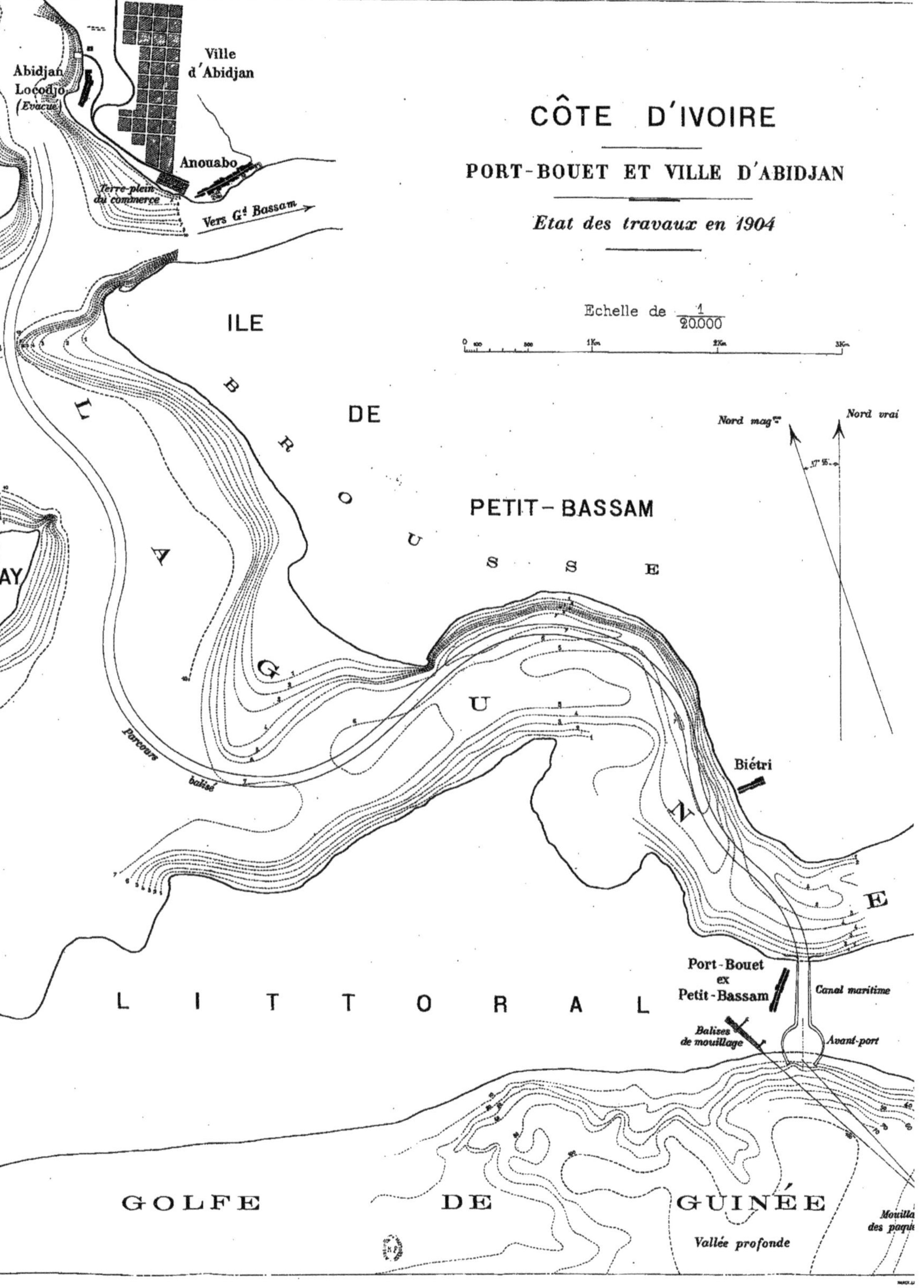
CÔTE D'IVOIRE
PORT-BOUET ET VILLE D'ABIDJAN
Etat des travaux en 1904
Echelle de 1/20.000
Nord magque
Nord vrai
Ville d'Abidjan
Abidjan Locodjo (Evacué)
Anouabo
Terre-plein du commerce
Vers Gd Bassam
ILE DE PETIT-BASSAM
BROUSSE
LAGUNE
Parcours balisé
Biétri
Port-Bouet ex Petit-Bassam
Canal maritime
Balises de mouillage
Avant-port
LITTORAL
GOLFE DE GUINÉE
Vallée profonde

Exécution et rédaction d'un avant-projet de voie ferrée aux colonies. *Historique des travaux de la mission d'études du chemin de fer de Tamatave à Tananarive*, par H. FABIA, capitaine du génie breveté. 1903. Un volume in-8 de 124 pages, avec 21 figures et 7 planches hors texte, broché . . . . 3 fr. 50

Manuel du Candidat à l'emploi de Commissaire de surveillance administrative des chemins de fer, rédigé conformément aux programmes officiels, par A. LAPLAICHE, contrôleur général de l'exploitation commerciale des chemins de fer. — **Notions sur la voie, le matériel, l'exploitation technique, l'exploitation commerciale. Transports militaires. Législation. Contrôle de l'État.** 7e édition, revue et augmentée. 1904. Un volume in-12 de 1119 pages, avec 135 figures, broché . . . . 10 fr. — Relié en percaline . . . . 11 fr. 50

La Chine à terre et en ballon. Reproduction de 272 photographies exécutées par des officiers du génie du corps expéditionnaire et groupées sur 42 planches en phototypie, avec légendes explicatives. 1902. Album in-4, avec 16 pages de texte. Sous couverture imprimée. . . . . 12 fr. 50
En un élégant cartonnage percal. gaufrée or et couleurs, plaques spéciales. 15 fr.
5 exemplaires sur papier du Japon numérotés à la presse (nos 1 à 5) . . 35 fr.
20 exemplaires sur papier Whatman numérotés à la presse (nos 6 à 25). 25 fr.

Rapport sur l'Expédition de Madagascar, adressé le 25 avril 1896 au Ministre de la guerre par le général DUCHESNE. *Suivi de tous les documents militaires, diplomatiques et parlementaires* relatifs à *l'expédition de 1895*. Avec 16 cartes, croquis ou itinéraires, dressés d'après les travaux du service géographique du corps expéditionnaire. 1897. Un vol. gr. in-8 de 487 pages broché et 1 atlas. 12 fr.

Le Génie à Madagascar (1895-1896), par E. LEGRAND-GIRARDE, colonel du génie. 1897. Un volume grand in-8 de 305 pages, avec 167 gravures et 6 cartes, broché. . . . . 7 fr. 50

Le Génie en Chine (1900-1901), par le même. 1903. Un volume gr. in-8, avec 140 gravures et 11 planches hors texte, broché. . . . . 4 fr.

Le Service du génie au Tonkin sous l'administration de la marine, par L. KREITMANN, capitaine du génie. 1889. Un volume in-8, avec 129 figures et 13 planches, broché . . . . 5 fr.

Histoire de la Conquête du Soudan (1878-1899), par le lieutenant GATELET. 1901. Un volume in-8 de 531 pages, avec 13 croquis dans le texte et 16 cartes hors texte, broché . . . . 10 fr.

Mission au pays de Ségou (Soudan français). Campagne dans le Guéniékalary et le Sansanding en 1892. *Extrait d'une relation* du commandant BONNIER, avec un avertissement du général BORGNIS-DESBORDES. 1897. In-8, avec une carte in-folio en couleurs, broché . . . . 2 fr. 50

Le Soudan français en 1888-1889. *Rapport militaire* du commandant supérieur, par le lieutenant-colonel ARCHINARD. 1890. In-8, avec une carte et une planche en phototypie, broché. . . . . 2 fr.

La Mission du génie au Soudan en 1891-1892, par G. MARMIER, lieutenant-colonel du génie. 1894. In-8, avec une carte, broché . . . . . 1 fr. 25

Opérations de la colonne Joffre avant et après l'occupation de Tombouctou, par J. JOFFRE, lieut.-colonel du génie. 1895. In-8, avec 3 planches hors texte. 2 fr.

Le Service du Génie dans les opérations en Algérie, par V. ALMAND et E. HOC, capitaines du génie. 1895. In-8, avec 13 figures, broché. . . . . 1 fr. 50

REVUE DU GÉNIE MILITAIRE

Paraissant en 12 livraisons mensuelles. Chaque livraison comprend environ 6 feuilles in-8, avec figures dans le texte et planches hors texte. — Prix par an . . 25 fr.
Union postale. . . . . 27 fr.
Les années 1887 à 1894 (6 livraisons par an) sont en vente à raison de . 15 fr.
Et les années 1895 à 1905 (12 livraisons) à . . . . 25 fr.

Nancy, impr. Berger-Levrault et Cie

www.ingramcontent.com/pod-product-compliance
Ingram Content Group UK Ltd.
Pitfield, Milton Keynes, MK11 3LW, UK
UKHW022142190726
13855UKWH00003B/1299

9 782013 428774